L'AGRICULTURE

MISE EN ADMINISTRATION PAR LE GOUVERNEMENT

OU

EXPOSITION D'UN NOUVEAU SYSTÈME

Pour rendre l'Agriculture plus productive en donnant une direction plus prompte et plus générale à la pratique du Drainage.

LETTRE

ADRESSÉE

À M. LE PRÉFET DU DÉPARTEMENT DE LA VENDÉE

Par M. DUMAINE,

MEMBRE DU CONSEIL MUNICIPAL DE LUÇON.

PARIS

IMPRIMERIE DE A. GUYOT ET SCRIBE,

Rue Neuve-des-Mathurins, 18.

JUIN 1857.

AVANT-PROPOS.

De quelque manière avantageuse que l'on parle de l'agriculture en France, il n'en subsiste pas moins en fait, que jamais la population n'a pu être nourrie par les produits annuels du sol, et que de tout temps, même aux époques où la population était le moins nombreuse, il a fallu avoir recours à l'étranger pour suffire aux besoins de la consommation. En d'autres termes, l'argent est toujours sorti de France pour payer les subsistances que nous fournissaient les pays étrangers.

Visitant il y a quelques années le département du Nord et la Belgique, je fus frappé de voir les cultures si belles et si variées de ces contrées; en les comparant à celles de la contrée que j'habite, je me demandai comment il se faisait que l'agriculture y fût si négligée et si peu productive, lorsque nous avions en main tous les éléments de succès, et que rien ne nous empêchait de marcher dans la voie du progrès.

Je publiai alors une brochure pour démontrer de la manière la plus évidente que les chemins ruraux font la fortune de l'agriculteur, en ce qu'ils favorisent la culture des terrains en tout temps.

Depuis l'époque où j'écrivais, la division de la propriété a beaucoup contribué à améliorer notre agriculture.

En étudiant de près la contrée, je me suis aperçu que Luçon, par sa situation, était le point du département le plus heureusement situé pour devenir un centre agricole des plus productifs, surtout si tous les marais qui l'avoisinent étaient complètement desséchés.

Afin de faire connaître l'avantage de cette situation au gouvernement, j'écrivis alors une brochure où je traitai des améliorations qui pourraient favoriser le commerce et l'agriculture de ces contrées ; je prouvai qu'il fallait agrandir et redresser le canal de Luçon à la mer, qu'il fallait aussi agrandir et prolonger le canal des Hollandais, et en faire une grande artère commerciale servant à l'amélioration de l'agricutture et au dessèchement des marais de la contrée.

Aujourd'hui, après plusieurs années de mauvaises récoltes successives, je remarque de quels embarras le gouvernement se voit assailli. Si des vaisseaux ne vont point en différentes parties du globe chercher les grains qui manquent à la consommation, il se voit aux prises avec la disette. Cependant ces achats considérables de blé qu'il faut régler en argent, épuisent la France de numéraire, et on s'aperçoit de sa rareté. On est dès lors conduit à se dire, que si depuis longtemps l'agriculture était mieux étudiée dans ses pratiques, plus surveillée et dirigée dans le sens de l'intérêt public, les grains et l'argent ne feraient pas défaut dans la circonstance actuelle.

En bon citoyen, je viens offrir à mon pays le tribut de mes réflexions sur ces matières d'économie politique; je les dédie à notre premier magistrat, dans l'espoir de le disposer à trouver dans le développement des ressources agricoles du département de la Vendée, un moyen certain de remédier au mal! Or, ce mal peut se prolonger, quoi que l'on dise, quoi que l'on espère.

J'ai voulu faire comprendre qu'il importe de prévoir pour l'avenir des circonstances plus difficiles que celles que nous traversons.

J'ai voulu exposer les moyens de réaliser la

pensée du gouvernement, qui se propose en tout d'aller au devant du besoin des populations.

J'ai voulu enfin contribuer à faire avancer notre département au premier rang qu'il devrait occuper parmi les départements agricoles.

Telles sont les intentions qui m'ont décidé à prendre la liberté d'adresser cette respectueuse lettre à M. le Préfet, heureux si les vues désintéressées que j'expose dans l'intention d'être utile à mes concitoyens, s'accordent avec les idées patriotiques qui l'inspirent dans tous les actes de son administration.

MONSIEUR LE PRÉFET,

On lit souvent dans *le Luçonnais*, l'un des journaux du département de la Vendée, des articles communiqués soit par le ministère, soit par l'autorité préfectorale, sur le drainage. Quelques-uns de ces articles sont empruntés aux publications qui traitent spécialement des questions agricoles.

Livré par goût à l'étude des différentes questions qui intéressent l'avenir de notre contrée, je lis avec attention ces articles à mesure qu'ils paraissent. Ils m'ont suggéré un certain nombre de réflexions que je crois utile, Monsieur le Préfet, de vous exposer avec quelque étendue. Je pense que vous voudrez bien accueillir ce travail avec intérêt. Je serais récompensé de mes efforts si mes vues rencontraient votre suffrage.

Je remarque d'abord que tous les articles publiés dans les journaux du département, à l'effet d'éveiller l'attention des cultivateurs et de les appeler à profiter des découvertes et des progrès de la science, ne peuvent avoir qu'une faible influence sur les populations routinières comme celles de nos marais. Ces publications émanent, il est vrai, de sources excellentes; elles sont inspirées par les meilleures intentions, mais elles supposent que les lecteurs auxquels elles s'adressent possèdent un fonds de connaissances agricoles autre que les procédés de culture transmis de génération en génération; qu'ils sont, en un mot, au courant de la science, et voilà justement ce qui manque dans nos localités; voilà ce qui empêche que ces publications soient appréciées à leur valeur.

Dans cet état de choses, nos populations ne peuvent comprendre, encore moins peuvent-elles soupçonner les brillants résultats que peut donner le drainage des terres. Un esprit exercé a déjà quelque peine à se rendre compte avec les livres de la théorie même du drainage, dont le but est de faire produire aux bonnes comme aux mauvaises terres beaucoup plus qu'elles n'ont jamais donné. On ne peut bien se rendre compte de la marche des choses que par l'expérience. Combien la difficulté n'est-elle pas plus grande lorsqu'il s'agit de faire comprendre à l'agriculteur exploitant des terrains argileux (terre glaise ou *bri* de nos marais) que cette terre compacte et si difficile à manier, dont jusqu'ici il n'a jamais pu tirer aucun produit par le labour ordinaire, est précisément une terre susceptible d'une culture avantageuse, et qu'elle peut donner, à l'aide du drainage et de la charrue sous-sol, les meilleures récoltes de froment! Convenons-en, il y a vraiment là de quoi étonner.

Il semble qu'il soit bien facile de faire comprendre que multiplier les chemins ruraux, c'est accroître dans les plaines la richesse de l'agriculture, et cependant nous savons combien il est difficile d'amener les membres des Conseils municipaux à reconnaître ce principe élémentaire. Or, on vient leur parler aujourd'hui d'innovations bien plus graves. Il s'agit du drainage et des combinaisons aratoires auxquelles se lie cette opération. On leur cite les produits qui résultent de ces innovations, et ces produits paraissent fabuleux. On comprend que tout cela ne soit pas facilement compris ni admis.

Cependant, si le langage de la presse, si les assertions des hommes compétents ne produisent aucun effet, il faudra bien croire à la pratique; il faudra bien que l'esprit se rende, quand les résultats du travail des bras seront exposés à qui voudra les voir. Alors, il faut l'espérer, la réalité des conquêtes de la science sera admise par le cultivateur incrédule, quand il verra placer les tuyaux de drainage, quand il verra fonctionner la charrue sous-sol, l'auxiliaire nécessaire de cette opération, quand les récoltes sous ses yeux, il pourra apprécier tous les avantages qu'on en retire.

Je viens de dire que la charrue sous-sol est l'auxiliaire nécessaire du drainage. Sans faire de cet instrument une description détaillée, il est bon que j'en indique les dispositions principales, afin d'en donner une idée au lecteur qui ne la connaît pas. Le soc de cette charrue est monté sur une tige en fer mobile, pouvant se hausser ou descendre à volonté, suivant la profondeur à laquelle on veut atteindre ; le soc ainsi disposé brise le terre en la soulevant à la manière de la taupe, et coupe avec une grande facilité toutes les racines, même celles des arbustes les plus forts. Les sillons tracés par la charrue sont à de petites distances dans les terrains cultivés à plat ; dans les terres profondes, le soc peut descendre à deux pieds.

Le labour de la charrue sous-sol donne à la terre une très-grande légèreté. L'avantage du labour profond avec le soc est de faire que l'air pénètre plus facilement sous la terre en se mêlant avec elle, et que l'eau traverse le labour avec toute sa puissance. Cette eau bienfaisante, en s'introduisant dans une terre ainsi ameublie, laisse d'immenses petits conduits filiformes par lesquels l'air et les racines de la plante pénètrent. Cette terre, que fertilise ainsi le séjour de l'air, donne à la plante une action de végétation extraordinaire ; aussi les racines du blé s'y trouvent tellement à leur aise qu'elles pénètrent très-avant et jusqu'à la profondeur du drainage, dont les tuyaux sont ordinairement placés à $1^{m},25$ dans les terrains qui le permettent; souvent même les racines pénètrent au-delà. On remarquera que la fertilité de la plante est en raison de la profondeur que les racines atteignent.

Je n'hésite pas à dire que le drainage, tel qu'il est pratiqué de nos jours, est la plus féconde de toutes les inventions par lesquelles la science moderne s'est efforcée d'améliorer la terre et d'en multiplier les ressources. Qu'on ne s'étonne pas de me voir émettre cette assertion avec tant d'assurance. Ce que j'avance sur le drainage s'appuie sur la pratique d'un homme distingué en ce genre d'opération. L'assurance où je suis de dire la vérité est, avant tout, ce qui soutient mon courage dans le travail que je poursuis.

Le drainage, dirigé avec méthode et discernement, s'applique avec le même succès à toutes les bonnes terres. L'action en est aussi bienfaisante pour les terres fortes, pour les terres profondes, pour les prés, je dirais presque pour les terres glaises bien cultivées. Il communique au sol une fertilité d'autant plus précieuse qu'elle est comme une qualité nouvelle et durable ajoutée à la terre. Le labour ordinaire est loin de produire d'aussi bons résultats. C'est même ici le lieu de faire remarquer que les opérations du drainage se concilient parfaitement avec l'emploi des engrais; il semble même que l'action puissante des engrais se développe avec plus d'énergie encore dans les terres drainées.

On s'étonne moins des résultats merveilleux obtenus par le drainage lorsqu'on arrive à se rendre compte du genre d'action qu'il exerce sur les terres. On sait qu'il change complètement les conditions physiques des terrains humides à leur surface, comme ceux dans l'intérieur desquels les eaux séjournent sans pouvoir s'écouler. Le drainage enlève à la terre cette trop grande quantité d'eau qui, par son séjour prolongé, produit la macération des racines de la plante et rend la terre froide et compacte. Dégagée de cet excès d'humidité, la terre s'échauffe alors par l'influence de l'air qui y pénètre. La température intérieure s'élève; grâce à cette élévation, il se forme promptement dans le sol même des combinaisons ammoniacales et azotées, qui sont on ne peut plus favorables à la végétation de la plante et au développement de la fécondité de la terre. Aussi toutes les semences déposées dans les terrains drainés y poussent avec une vigueur extraordinaire. Les céréales, pour peu qu'on ajoute d'engrais, y viennent avec une force et une abondance des plus remarquables. L'herbe des prairies soumises au drainage pousse aussi plus touffue et de meilleure qualité que dans les prairies ordinaires, particulièrement le ray-grass d'Italie, et dans la saison des sécheresses l'herbe s'y conserve plus fraîche et plus verte. En somme, par le drainage, toutes les plantes céréales et légumineuses viennent plus fortes et plus productives.

D'autre part, les terres drainées peuvent se labourer en tout temps, avantage qui n'existe pas pour celles qui ne le sont point. Dans les premières, les pluies fréquentes, loin d'être contraires aux plantes, leur sont favorables, parce que la terre absorbe une plus grande quantité d'air dissoute dans l'eau qui s'y introduit, et ne conserve que les principes qui lui sont utiles; elle fait comme une éponge; elle laisse passer les eaux et ne garde que ce qui lui est nécessaire, le drainage lui enlevant la quantité surabondante que le poids entraîne dans les couches inférieures. De cette manière, la racine des plantes ne se trouve avoir que l'humidité qui est propre à la végétation. J'ajouterai pour la terre glaise que, drainée, elle devient plus maniable, et qu'à temps convenable elle se cultive avec beaucoup plus de facilité par les nouveaux procédés.

Il semble que la charrue sous-sol ait été inventée pour faire mieux ressortir les avantages du drainage, tant la fonction de cet instrument en seconde merveilleusement les opérations!

La charrue sous-sol prépare la terre pour être cultivée et le drainage complète et termine ce travail en facilitant le passage des eaux et de l'air. La terre se trouve alors dans les conditions les plus favorables à la végétation. Aussi, dans les terres arables où le drainage est appliqué, la charrue sous-sol est-elle son puissant auxiliaire.

J'ai essayé de faire connaître par un aperçu succinct les heureux résultats donnés par le drainage des terres et l'emploi de la charrue sous-sol; mon but est maintenant de faire entendre aux propriétaires et aux agriculteurs un langage qui les stimule et qui les décide à entrer dans la voie du progrès. Dans leur intérêt, dans l'intérêt de la France, il faut, par nos recommandations, les disposer à adopter un système de culture dont l'expérience proclame si haut les excellents résultats. L'indolence naturelle à l'homme, l'attache aux anciennes pratiques, sont un obstacle à vaincre dans tous les pays, mais cet obstacle est surtout puissant dans les contrées humides où le feu qui anime les bonnes dispositions se développe lentement et où l'application des nouvelles méthodes appelle rarement l'attention. C'est dans ces contrées dont la production agricole peut devenir si considérable que le gouvernement ne doit pas craindre de faire les premières démarches, les premières dépenses, afin d'éclairer les populations sur leurs intérêts et de leur donner l'exemple des nouvelles pratiques agricoles. L'impulsion donnée par l'Etat se communiquerait bientôt à de nouveaux imitateurs et l'on verrait ces contrées atteindre rapidement à une grande prospérité.

Permettez-moi, Monsieur le Préfet, de vous faire remarquer que, pour produire la conviction dans les esprits incrédules, comme chez les personnes les mieux disposées en faveur des nouveautés, l'expérience est encore l'argument le meilleur. Tout le monde est facilement convaincu de ce qu'il voit sous ses yeux, tandis que le langage des journaux qui pénètrent peu dans nos campagnes a de la peine à agir sur les intelligences.

C'est ainsi que s'y est pris M. Vandercolm, de Dunkerque, à qui revient l'honneur d'avoir sérieusement introduit le drainage dans le département du Nord. Voyant qu'il n'était ni compris, ni même écouté de ses concitoyens, en s'efforçant de propager la nouvelle méthode par ses explications, il s'est décidé à faire exécuter le travail de drainage et du labour à la charrue sous-sol par des Écossais, sur une grande étendue de terrain. Opposant aux contradictions les faits éclatants de l'expérience, il a prouvé en face de tout le pays que tous les terrains humides et non humides, argileux, graniteux, pouvaient donner à l'agriculture des résultats bien supérieurs par la nouvelle culture qu'il préconisait.

Aujourd'hui, dans le département du Nord, la théorie du drainage est au nombre des connaissances populaires ; ce résultat est dû aux louables efforts du praticien dont je signale la persévérance intelligente.

Vous ne l'ignorez pas, Monsieur le Préfet, la théorie du drainage ne rencontre plus aujourd'hui de contradicteurs ; les nombreux essais qui se sont faits dans plusieurs départements et qui se multiplient chaque jour ont triomphé de toutes les incrédulités, quoique les travaux n'aient pas toujours été conduits avec autant d'habileté ni couronnés d'aussi beaux résultats que dans l'arrondissement de Dunkerque.

La grande difficulté aujourd'hui est de faire pénétrer dans les campagnes les connaissances acquises et d'y répandre d'une manière générale cette science nouvelle (1) qui apprend à l'agriculteur à cultiver la terre d'après des principes plus raisonnés, à la mettre dans des conditions plus avanta-

---

(1) J'entends par science nouvelle les connaissances acquises par une pratique prolongée et certaine du drainage et de la charrue sous-sol dans les terrains humides, comme du drainage dans les prés, dans les marais pacagers, et des diverses combinaisons aratoires que cette partie intelligente a développées et fait connaître. Ces connaissances et cette pratique ne se sont répandues en France, dans un petit nombre de localités et chez quelques propriétaires, que depuis environ dix ans. Elles l'étaient en Écosse depuis de très-longues années.

geuses et à lui faire rendre les produits de meilleure qualité et plus abondants.

C'est cette science qui fait révolution dans l'ancienne pratique agricole ; c'est elle qui couvrira un jour le sol de la France des plus abondantes productions, si le gouvernement continue à en seconder l'essor par son initiative et ses encouragements.

Il serait donc de la plus grande utilité et de la plus haute importance de faire adopter les nouvelles méthodes, surtout dans les contrées marécageuses comme les nôtres et toujours négligées, ces contrées où les terrains en assez grand nombre argileux, mais de bonne qualité, sont considérés par la population et les fermiers comme des terrains improductifs pour les céréales.

On peut juger de ce que ces contrées deviendraient comme fertilité, en considérant ce que sont devenues celles qui ont été passablement desséchées depuis 1790. On y trouve des fermes qui, à cette époque, étaient affermées 6,000 francs et qui rapportent aujourd'hui plus de 100,000 francs; encore faut-il remarquer que, depuis des siècles, on n'a pas mis d'engrais sur ces terrains, car dans tous nos marais on n'en met jamais. On se sert de la fiente des animaux comme moyen de chauffage, faute de bois. On en fait des tourteaux dont on vend la cendre comme engrais dans le Bocage.

Le gouvernement aurait donc le plus grand intérêt à envoyer des ingénieurs tirés de l'arrondissement de Dunkerque, habitués aux travaux de desséchement, à ces grandes et intelligentes améliorations qui ont rendu le département du Nord si riche et si productif. Par leurs travaux, nos contrées deviendraient considérablement plus productives et plus peuplées, tandis que, par le même effet, le gouvernement verrait s'accroître la richesse publique et ses revenus.

La pratique du drainage a tout autant besoin d'être propagée dans l'excellent et vaste pays que nous appelons le Bocage, où le sol est granitique et où les terres sont trop souvent humides par un effet naturel de ce sol. Le drainage ferait écouler les eaux dont elles sont souvent trop imprégnées, et la charrue sous-sol les rendrait plus légères, car si le printemps est froid et pluvieux, les terres restent compactes, froides et, dès lors, peu favorables aux productions céréales. Les nouveaux procédés seraient appliqués aux landes avec le même avantage ; ils les maintiendraient dans un bon état de culture qu'elles ne conservent pas, parce que les bras manquent pour cultiver. Par la pratique du drainage et et de la charrue sous-sol dans ces terrains humides, mais d'une bonne nature, on serait assuré d'une récolte au moins double de celle qu'on obtient par le labour ordinaire et j'insiste sur ces mots *au moins double*, quoique je ne veuille pas paraître exagéré, parce qu'on sait aujourd'hui positivement que le drainage appliqué aux terrains humides, produit des résultats merveilleux pour les céréales comme pour l'herbe des pâturages, à laquelle il donne l'abondance et la qualité.

D'ailleurs, l'expérience de M. Vandercolm, comme celle de bien d'autres praticiens remarquables qui ont écrit sur le drainage, ne permet d'élever aucun doute. La méthode du drainage est si bien reconnue comme favorable à la culture des terres et à la reproduction des fourrages, que le département du Nord a voulu s'imposer des sacrifices, afin d'en répandre la pratique et de lui donner toute la publicité possible. Un ingénieur dont le traitement est fourni par le budget du département, se rend gratuitement avec ses hommes chez les propriétaires ou agriculteurs qui en font la demande. Il les forme à la pratique du drainage et il leur enseigne à bien placer des drains ou tuyaux, dont la pose demande un certain soin, pour que les drains aient la pente convenable (3 millimètres par mètre) (1).

(1) Le département du Nord, le plus avancé des départements en agriculture, doit le desséchement des marais aux environs de Dunkerque et la grande prospérité agricole dont il jouit, à l'activité que l'autorité a mise à surveiller l'action des sociétés que M. de Murat, préfet, y a fait établir par décret de 1806 qui a été

Vous comprenez, Monsieur le Préfet, que, si cette mesure inspirée par un généreux patriotisme, était imitée par tous les départements, les produits de l'agriculture s'accroîtraient bientôt dans une proportion remarquable. Il ne tient qu'à vous, Monsieur le Préfet, en exerçant dans ce sens votre puissante influence, de faire adopter une mesure qui

---

renouvelé en 1852. Ces sociétés portent dans le pays le nom de Waetreingues.

Ces Waetreingues sont de véritables administrations ayant leurs règlements, leurs administrateurs, leurs finances, leur police, leurs ingénieurs, leurs gardes, etc., etc., sous la dépendance des tribunaux et la surveillance de M. le préfet.

Ces sociétés de propriétaires se divisent en sections, dont les attributions comprennent le dessèchement des terres humides ou marécageuses, la confection des canaux, des ponts, des écluses, des digues, des chemins; la surveillance du cours des eaux, le nettoyage des canaux ou la retenue des eaux dans de vastes bassins, pour l'arrosement pendant l'été des prairies, des marais, etc., etc.

Ces contrées, autrefois marécageuses étaient peu habitées. Aujourd'hui, la population y va toujours en croissant tant elles sont bien desséchées et assainies. L'agriculture y est on ne peut plus florissante et le pays passe pour un des plus riches de la France.

Le département de la Vendée, administré de la même manière pour ce qui concerne les contrées marécageuses de tout le littoral de la mer, parviendrait avant dix ans à la même prospérité agricole, car il en renferme tous les éléments.

Nous ne nous dissimulons pas que le système d'améliorations dans lequel nous voudrions qu'on entrât résolument, exige des efforts et de la peine. Mais nous songeons aussi à l'importance des résultats et à l'intérêt de la France pour qui l'accroissement des produits du sol est devenu une question très-grave.

élevera notre département au rang des plus riches de la France.

S'il n'a fallu qu'un homme comme notre ancien préfet, M. Paulze d'Ivoy, pour organiser et faire bien fonctionner toute l'administration du département, sans doute il suffirait pour donner l'essor à notre agriculture, que notre premier magistrat voulût bien consacrer à cette œuvre son activité et son énergie. Personne ne doute, Monsieur le Préfet, des excellentes dispositions qui vous animent. Vous pouvez faire beaucoup pour l'avenir de notre agriculture en employant vos efforts et votre influence à faire pénétrer les idées et les méthodes d'amélioration dans ce département qui passe déjà pour un grand producteur.

Si les nouveaux procédés étaient expérimentés, ils ne manqueraient pas de produire les meilleurs effets dans le bocage. Il suffirait aux gens de l'endroit d'être dirigés par un ingénieur aidé de ses hommes, pour être bientôt formés à la pratique, et cette contrée dont les terres sont très-bonnes, seulement trop humides, donnerait bientôt des produits extraordinaires. Or, dans l'état actuel, ses blés sont recherchés pour leur qualité par la meunerie anglaise, par Bordeaux et la Belgique. On doit donc tout faire pour multiplier des produits dont le débouché est certain.

Nous avons fait ressortir tous les avantages que

l'application des procédés du drainage procurerait à nos contrées; nous avons expliqué comment on pouvait populariser les méthodes de culture par l'organisation de sociétés semblables à celles du département du Nord. Mais il y aurait une œuvre plus belle à exécuter, ce serait de dessécher complètement ces immenses étendues de marais dont le sol de la France est couvert et dont l'exploitation accroîtrait dans une proportion considérable les richesses de notre agriculture. Ce serait là une grande et belle amélioration, digne d'être mise auprès des grandes choses qui s'accomplissent sous le gouvernement de l'Empereur et qui suffisent à illustrer un règne. Il faudrait d'abord dessécher les marais qui environnent Luçon, et dont les eaux viennent souvent submerger les terrains jusqu'au pied de cette ville épiscopale ; il faudrait dessécher ceux de Sainte-Gemes, Nallier, le Langon, le gué de Veluire, Maillezais, Vix, etc., etc. ; ceux de Laclaie, Lairoux, Curson, Saint-Benoist, etc., etc. Ces dessèchements, chez nous, seraient d'autant plus faciles qu'une pente naturelle conduit les eaux des parties supérieures du Bocage sur les marais et de là à la mer, et que la rivière de la Vendée vient aussi se jeter dans la mer. Mais il faudrait, d'un côté, creuser des canaux de dégorgement à la mer assez larges et assez profonds pour obtenir des écoulements rapides, qui ne permettraient jamais aux eaux de franchir leurs limites, ce qui précisément n'a pas toujours lieu. D'une autre part, il faudrait pouvoir détourner une partie des eaux du Lais par un canal de dérivation s'ouvrant sur celui de Luçon, qui ferait que la rivière se divisant ne déborderait plus sur les marais de Labretonnière à la mer, exposant tous les ans peut-être plus de cent mille hectares de terrains à des inondations successives qui occasionnent les plus grandes pertes à l'agriculture, sous tous les rapports.

A ne juger les choses que superficiellement, on pourrait croire que ces travaux exigeraient des dépenses considérables. Il faudrait beaucoup moins de fonds qu'on ne pense, parce que, dans ce genre de travaux, l'intelligence et l'économie de ceux qui les dirigent peuvent singulièrement réduire les chiffres présumés des dépenses (1).

Ces travaux s'exécuteraient d'autant plus facile-

---

(1) Nous sommes d'ailleurs dans un temps où il ne faut pas regarder de si près à l'argent lorsqu'on sait le faire rentrer. Que serait, par exemple, un million de dépense pour détourner le Lais sur le canal de Luçon du moment où il est prouvé que cette dépense aurait pour résultat de faire produire un revenu supérieur de plusieurs millions à la contrée étendue que cette rivière submerge actuellement, et qui serait alors cultivée avec sécurité. Si le gouvernement exécutait ainsi sur tous les points des travaux aussi utiles, il augmenterait promptement les revenus du Trésor de plus de cent millions. Mais il est facile de mettre des impôts et on ne sait pas créer des revenus, ce qui vaudrait mieux, cependant.

ment qu'il n'y a pour le moment que des canaux à faire ou à creuser plus profondément. Seulement il faudrait que le système de canalisation fût combiné de manière à concilier les intérêts de toutes les localités. Il ne s'agit d'ailleurs que de creuser dans la terre glaise, et dans ce genre de travaux il est rare que l'on rencontre des difficultés imprévues.

Vous reconnaîtrez, sans doute, Monsieur le Préfet, combien sont sérieuses les questions que je soulève. Si vous songiez à poursuivre l'exécution des travaux que je propose, le moment serait d'autant plus opportun que, depuis plusieurs années, le trouble des saisons a été fort préjudiciable à l'agriculture et que l'on ne sait quand les bonnes années doivent revenir. Dans de semblables circonstances, ce serait un service immense pour la France, que de rendre sérieusement productif des centaines de milliers d'hectares de terrains malsains, souvent noyés sous les eaux, qui deviennent improductifs, ou qui ne rendent que fort peu de chose à la culture.

Je ferai remarquer que je parle ici seulement de la partie des marais qui regarde quelques communes avoisinant Luçon; je ne veux pas m'occuper de ce qui concerne les marais qui bordent le littoral de la mer sur toute l'étendue du département. Ce serait là une question d'un ordre beaucoup plus élevé et qui exigerait que l'attention du chef de l'administration départementale s'y absorbât tout entière. Je me borne pour le moment à demander qu'on entreprenne les travaux les plus urgents. Une fois que la partie des marais dont je parle serait bien desséchée, les heureux résultats de ces premiers travaux ameneraient promptement l'amélioration du reste de la contrée et peut-être l'établissement des Waetreingues sur tout le littoral.

L'agriculture, dans cette partie de nos contrées, fait trop de grandes pertes pour qu'un pareil état de choses puisse longtemps subsister, surtout à une époque où l'on recherche de toutes parts les céréales, où les subsistances se sont élevées à un prix exorbitant et où l'État est obligé à de si grands sacrifices pour nourrir la population. La force même des circonstances veut que la grande question des desséchements toujours ajournée soit enfin résolue. Mais telle est l'inconsistance du caractère français ; une seule année d'abondance fait oublier plusieurs années de disette ; quand la crise est passée, on ne songe plus à rien faire pour en prévenir le retour. Cependant si la cherté du pain continue, les plaintes deviennent plus violentes, elles sont suivies de scènes de désordre qu'aucun gouvernement ne peut tolérer, mais qu'il peut souvent prévenir dans leur principe. Dans un siècle où le progrès de toutes les industries est si admirable, il ne faut pas que l'agriculture reste étrangère au mouvement qui entraîne toutes choses vers le progrès; car la première de toutes les questions c'est d'assurer la subsistance du peuple.

Pour comprendre combien le desséchement complet est exigé impérieusement par la situation même des choses, il faut savoir comment les eaux finissent par s'étendre sur une vaste étendue de terrain. Certains de nos marais mouillés sont le plus souvent recouverts par les eaux ; ils ne servent qu'à faire pacager en été quelques bestiaux dans de fort mauvaises conditions. Au printemps, comme ces marais sont sous les eaux, le moindre débordement de la Vendée et la moindre cruc des eaux pluviales venant s'ajouter à l'inondation déjà existante, font que tous les terrains cultivés souvent à de grandes distances, sont submergés au moment où le cultivateur s'apprête à enlever ses récoltes.

On peut juger par là de l'énormité des pertes auxquelles le pays est exposé, on peut comprendre combien la production serait plus considérable, si tous ces terrains marécageux étaient mis complètement à l'abri de toute inondation, s'ils étaient complètement desséchés. Ils seraient alors d'une très-grande fertilité ; je le prouve en faisant remarquer que tous ces terrains mouillés ou non mouillés, proviennent d'alluvions de la mer en retraite, et qu'en général, tous ces terrains sont d'autant plus fertiles, qu'ils sont situés sous un ciel chaud et humide, et qu'ils ne sont point sujets aux mêmes intempéries que les terres de l'intérieur, excepté à des inondations plus ou moins passagères. Aussi, voit-on que ceux de ces marais qui n'ont point à souffrir des inondations et qui sont bien desséchés, donnent des récoltes magnifiques en grains et en fourrages. Il en serait pareillement de tous les autres marais, si ces desséchements étaient opérés. Alors le drainage et la charrue sous-sol viendraient peu à peu remuer tous ces terrains et les rendre considérablement plus productifs ; dans de pareilles conditions, quelle luxuriante végétation ne nous feraient pas admirer les céréales et les herbages !

Qu'on ne croie pas, que pour prédire ces magnifiques résultats, je me livre aux caprices de mon imagination. Il suffit de voir ce que sont devenus les anciens marais de Dunkerque; leur richesse et leur fertilité actuelle sont là pour répondre à qui voudrait contester ce que j'avance.

Des considérations qui précèdent, il ressort que les motifs les plus puissants conseillent d'aviser au desséchement des marais, non moins que d'encourager la pratique du drainage, pour laquelle les Anglais n'ont pas craint de dépenser chez eux peut-être plus de sept cent millions. Il serait à souhaiter que nous pussions imiter leur exemple, et accroître rapidement les produits de notre agriculture.

Tout le monde reconnaît que l'inondation des marais cause au pays des pertes considérables; personne ne conteste la justesse de ces observations, et cependant vous seul, Monsieur le Préfet, vous pouvez porter remède au mal ; ces marais ne peuvent sortir de dessous les eaux, et les dessèchements avoir lieu à la satisfaction publique, que par un effet de votre autorité. La population faible et trop indifférente de ces contrées marécageuses voudra tout ce que vous voudrez, mais ne prendra jamais l'initiative de ces améliorations difficiles à généraliser, parce que trop souvent le défaut d'accord et d'activité, l'absence de capitaux paralysent les bonnes intentions. Ainsi le mal va toujours continuant.

Dans votre profonde sollicitude pour les intérêts des populations que vous administrez, c'est à vous, Monsieur le Préfet, qu'il appartient de prendre en main leur cause. C'est vous qui pouvez agir auprès du gouvernement pour faire obtenir à ces contrées les améliorations qu'elles réclament : sous votre haute influence, les travaux ne rencontreraient point d'obstacle et s'accompliraient activement sur toute l'étendue du pays. Avant peu d'années, les marais du bas Poitou seraient transformés en puissants et riches domaines.

Ce serait un bienfait inestimable pour ces contrées trop humides, si vous vouliez bien, Monsieur le Préfet, être le protecteur dévoué à leurs intérêts qu'elles ont toujours espéré; car on ne voit qu'à de rares intervalles apparaître des hommes qui arrêtent sur elles leurs regards. Cependant il est bon de rappeler que le roi Henri IV, et le plus grand génie des temps modernes, l'empereur Napoléon, ont tous deux, dans des siècles différents, reconnu la nécessité de porter remède à la situation des contrées marécageuses, en y faisant exécuter des dessèchements. Napoléon serait revenu à cette idée, s'il lui avait été donné de consacrer aux travaux de la paix les dernières années d'un règne plus fortuné. Aujourd'hui, la Providence en remettant les destinées de la France entre les mains de son neveu, semble l'avoir choisi pour accomplir tous les grands desseins de Napoléon Ier; puisse-t-il se souvenir de ceux qui avaient été formés pour l'amélioration de nos contrées par le dessèchement.

Une autre considération bien sérieuse doit nous déterminer à agir. De toutes parts s'ouvrent de nouveaux chemins de fer, et la création de ces voies puissantes de communication stimule partout l'activité des affaires en leur donnant un nouvel essor. Les chemins de fer nous touchent; bientôt le département en sera sillonné; il faut donc résolument entrer dans la voie des affaires et du commerce, pour soutenir ces chemins de fer et les alimenter. Tous nos marais sont appelés à concourir à ce résultat, par la prodigieuse quantité de céréales que l'on en peut tirer, comme aussi par les nombreux bestiaux qu'ils fourniront à la boucherie. Il faut donc employer tous nos efforts afin d'affranchir la France des énormes tributs qu'elle paie annuellement à l'étranger. Si les sommes immenses qui sont ainsi sorties du pays avaient été dépensées en améliorations à l'agriculture, l'effet en serait déjà sensible dans la population, dont le bien-être aurait été augmenté. Il est vrai que le gouvernement doit apporter la plus grande économie dans l'administration des finances ; mais il est certain que les reproches ne viendront pas au gouvernement, de l'argent qu'il aura employé en améliorations bien entendues à l'agriculture, et que ces dépenses ne sont point de celles qui alarment la population. Les Anglais, pour ces sortes d'améliorations, ne craignent pas de se jeter dans les dépenses, tandis qu'en France, nous ne savons qu'attendre de meilleures récoltes sans prendre de grandes mesures.

Cependant, est-il au monde une question plus grave que celle des subsistances? Est-il un problême plus important à résoudre que celui de faire vivre la population remuante et inquiète de la France? Ne considère-t-on pas que, lorsque cette population est agitée, il n'est pas de trône si bien affermi qui ne puisse être fortement ébranlée?

Il serait donc grandement temps d'aviser et de faire marcher à la façon des Anglais notre agriculture trop retardataire. Le but qu'on doit se proposer, c'est de faire que les produits soient en rapport avec la consommation. Or, nous sommes bien loin de là, et pour plusieurs causes. La population sédentaire devient sans cesse plus considérable; le chiffre de la population flottante va aussi toujours croissant, et il se trouve que, dans cette France si riche, si hospitalière, dont le sol passe pour être si fertile, il y a un quart de la population qui ne se nourrit pas de bonne qualité de grains, et un autre quart qui n'en mange pas du tout.

C'est là un fait grave à observer dans notre époque, et qui rappelle qu'à Bordeaux, dans un discours célèbre, l'Empereur parlait d'une partie de la population *qui, au sein de la terre la plus féconde du monde, peut à peine jouir de ses produits de première nécessité.*

Ce que je viens de dire ne s'applique qu'à la consommation des grains. Si je passe à la consommation de la viande de boucherie et de la volaille, je trouve que le déficit est autrement considérable, et, cependant, il est reconnu qu'une hygiène bien entendue veut que la viande entre pour une bonne proportion dans l'alimentation de l'homme. Or, on sait en général que la population des villes en France ne consomme qu'une quantité de viande tout-à-fait insuffisante. Cette situation pourrait grandement s'améliorer si une pratique agricole mieux entendue donnait un plus grand essor à la production.

Il faut dire que, malgré l'importance de ces questions, les gouvernements en France s'en sont toujours médiocrement préoccupés. Depuis quatre-vingts ans les questions politiques ont absorbé tous les esprits ; on n'a guère pensé à améliorer matériellement le bien-être du peuple en faisant faire de grands progrès à l'agriculture. Il faut une longue suite d'années paisibles pour que les questions d'économie sociale arrêtent enfin l'attention. D'ailleurs, dans les régions élevées de la société, tout ce qui tient à l'agriculture frappe peu les regards, et la curiosité se porte peu sur des études qui paraissent appartenir à des hommes spéciaux. Il faut donc que le Gouvernement donne l'impulsion s'il veut que l'on marche dans la voie du progrès.

Toutefois je ne veux pas dire, en tenant ce langage, qu'on ne s'occupe pas de l'agriculture ; les journaux agricoles répondraient vivement à cette assertion. Je reconnais qu'on s'en occupe et même beaucoup. Dans les fermes-modèles, dans les comices, on soumet a l'expérience un certain nombre d'innovations ; quelques propriétaires font même exécuter des travaux de drainage ; enfin, dans les journaux, on fait une place assez considérable à la théorie. Ce dont on ne s'occupe pas assez, c'est d'organiser la pratique sur une vaste échelle, c'est de combiner un ensemble de moyens qui, largement appliqués, produiraient d'immenses résultats.

En France, il est difficile aux propriétaires de s'occuper sérieusement de drainage; ils ne sont pas assez riches. Dans nos contrées marécageuses où les fermes comprennent des terrains de plusieurs centaines d'hectares, peu de propriétaires peuvent faire pour le drainage de leurs fermes des dépenses évaluées à 200 francs l'hectare, quelque grand avantage qu'ils en dussent retirer. Mais quand les procédés du drainage seront bien compris, quand tout sera monté pour que l'exécution en soit facile, les propriétaires pourront entrer en composition avec le gouvernement. Ainsi, le drainage pourra s'exécuter dans de grandes proportions; d'ici là, le propriétaire fera ce qu'il pourra. Avant dix-huit mois, j'espère en donner l'exemple sur des prés près la ville de Luçon.

Il semble que chaque gouvernement laisse après lui la part de l'agriculture dont il n'a pas voulu s'occuper à celui qui doit lui succéder, et pourtant le prince qui nous gouverne ne paraît pas disposé à en agir ainsi. Si ses idées se dirigeaient sérieusement de ce côté, il y aurait tout à espérer. Car on reconnaît dans tous les actes de son autorité, dans toutes les œuvres entreprises sous ses auspices l'esprit des grandes choses, le désir de laisser un souvenir durable à la postérité. J'espère donc dans le chef de l'État dont tout le monde aujourd'hui reconnaît et admire le génie supérieur. Il sait que le gouvernement doit également protéger et seconder les intérêts de tous ; c'est là le besoin de l'époque. S'il faut d'ailleurs contenir les mauvaises dispositions ou les modifier, l'agriculture qui retient les masses dans le travail pour un long espace de temps, est un excellent moyen politique dont l'Empereur, dans sa haute intelligence, comprend sans doute qu'il faut actuellement se servir.

Et pour atteindre ce but, pour maintenir le calme et le travail, est-il rien de mieux à faire que de rendre à l'agriculture, cette mère de tous les peuples, les grands travaux, les grandes occupations agricoles, même ses fêtes et ses honneurs antiques dont on ne connaît plus les douces et bienfaisantes habitudes ?

Pourquoi le gouvernement ne s'occuperait-il pas avec persévérance de faire triompher l'agriculture pour augmenter et conserver la tranquillité du pays, comme, dans la guerre d'Orient, il s'est occupé de faire triompher la gloire de nos armées et de rétablir la nation dans sa splendeur ? Les lauriers cueillis au sein de la paix valent mieux pour les peuples que les lauriers moissonnés dans la guerre. Les uns sont le gage de la félicité pour les peuples, les autres ne s'obtiennent qu'aux dépens de l'humanité. L'histoire consacrerait une belle page au grand siècle qui, délivrant le peuple de la misère qui l'opprime, lui donnerait le bien-être et la subsistance qui lui manque trop souvent.

On arriverait à ce but en suivant les inspirations heureuses de quelques grands praticiens, de ces hommes émérites connus par leur caractère et leur intelligence, imbus de la science nouvelle, M. Vandercolm, par exemple, (et je cite son nom comme celui de tout autre praticien) qui, placé au ministère de l'agriculture, se montrerait à la hauteur de pareilles fonctions. Alors on verrait l'expérience agricole nouvelle aux prises avec les habitudes de la vieille agriculture; on verrait ce que peut le zèle d'un homme pénétré du feu de la science pour en activer le progrès. C'est alors que la pratique du drainage et l'emploi de la charrue sous-sol joueraient un grand rôle; l'usage en serait promptement mis à la portée de tous les agriculteurs par les moyens que nous connaissons.

Sous cette impulsion, on verrait s'exécuter le dessèchement des vastes étangs trop souvent inutiles; ils seraient transformés en bons pacages ou en champs propres à la culture. C'est ainsi qu'il y a une trentaine d'années, dans les environs de Dunkerque, on a transformé un étang dont le fond était à plus de sept pieds au-dessous des eaux de la mer basse. Aujourd'hui c'est un des terrains les plus productifs du pays. Il en pourrait être de même de tous les marais qui sont d'un faible rapport et dont les exhalaisons empestent l'air à de grandes distances et compromettent la santé des populations. Telle est la situation fâcheuse que n'ont pas su conjurer des administrations peu soucieuses de maintenir la santé publique et de tirer parti des localités les plus ingrates. Au contraire, sous la direction d'un ministre, exercé lui-même à la pratique des choses, les landes seraient défrichées, les terrains inutiles seraient exploités et l'on en tirerait du moins tout ce qu'ils sont susceptibles de rendre. Les montagnes qui jouent un si grand rôle dans les modifications atmosphériques pour certaines contrées seraient étudiées, cultivées, reboisées.

Quand cette administration bienfaisante se serait prolongée quelques années, quand elle aurait doté notre agriculture d'un code rural, on verrait la population se porter aux travaux de la campagne avec une nouvelle ardeur. Elle entrerait dans la voie qui lui aurait été ouverte; les affaires prendraient un essor nouveau, et l'on verrait enfin commencer une ère de prospérité pour l'agriculture sur laquelle sont fondés le bien-être et la sécurité des États.

Nous sommes dans un temps où la confiance dans le chef de l'État est générale; toutes les entreprises peuvent s'exécuter sans rencontrer d'opposition : la situaton est éminemment favorable. Pourquoi le gouvernement n'en profiterait-il pas pour diriger l'esprit des populations vers ces grandes améliora-agricoles que toutes les raisons nous commandent d'exécuter? On utiliserait même les bras de la population en la faisant concourir à ces immenses travaux que réclament certaines contrées. Tout le monde répondrait à l'appel de l'Empereur, les difficultés seraient promptement surmontées et l'argent ne manquerait pas plus pour les emprunts qu'il n'a manqué pour la guerre d'Orient qui entrait dans la politique du gouvernement. Conduite avec sagesse et modération, jamais entreprise n'aurait eu plus de chances de réussir; jamais politique n'aurait été mieux inspirée; car il faut dire qu'à aucune époque on ne s'est préoccupé davantage des nécessités de l'avenir, et que jamais les besoins du pays ne se sont révélés par des crises plus graves. Chacun sent qu'il y a là une question qui intéresse sa personne et sa propre existence ; aussi chacun demande-t-il que l'état financier et la prospérité du pays se fondent sur des bases certaines et durables.

Si nous arrivons à ce but souhaité, rien ne s'opposera alors à ce que le libre échange s'établisse en matière d'agriculture. Alors la France, riche de ses produits agricoles, pourra faire des échanges avec avantage. Alors, les pièces de cinq francs ne seront pas aussi rares qu'elles tendent à le devenir. Cette rareté même deviendrait un péril assez sérieux ; car, en France, on peut impunément toucher à la liberté, mais jamais on ne peut toucher sans danger aux finances.

Si j'ai réussi à donner une idée du développement que peut recevoir l'agriculture et de l'accroissement dont ses produits sont susceptibles, on voit combien il est important de faire rendre au sol tout ce qu'il peut donner, afin d'atteindre à de grands résultats et de créer dans le pays un état permanent d'abondance qui satisfasse à toutes les exigences.

On peut admettre ou discuter la justesse de mes vues sur le présent comme sur l'avenir de la France ; mais l'on ne peut contester que la France n'ait tout à gagner par l'abondance des produits de son sol, même avec des années de fertilité ; cette contrée si industrieuse trouvera toujours les moyens d'écouler ses denrées d'une manière ou d'une autre, ne fût-ce que du côté de l'Angleterre, qui aura toujours besoin de nos grains, et qui aimera mieux les prendre chez nous que d'aller les chercher dans la mer Noire, à Odessa. D'ailleurs, pour utiliser l'excédant des récoltes, on pourrait obliger toutes les villes d'une certaine importance à établir des magasins d'abondance ou des silos, ce qui permettrait de conserver les grains et de conjurer la disette dans les mauvaises années. Ce serait là un excellent moyen de venir en aide aux classes ouvrières, dont la position serait fâcheuse, et de retenir l'argent dans le pays.

Sous le rapport moral, la prospérité de l'agriculture amènerait des effets excellents. Du moment où l'aisance serait répandue dans les campagnes, l'homme s'attacherait davantage à son foyer et serait moins tenté d'aller chercher fortune hors de son village; ce besoin que chacun éprouve aujourd'hui de participer au bien-être de son voisin, trouverait une satisfaction. En ce sens, les tendances de la révolution de 1848 seraient réalisées; car l'aisance générale serait accrue. Mais, pour arriver là sous le gouvernement actuel, il faut qu'un développement immense de la production agricole amène la vie à bon marché et généralise le bien-être.

Je crois donc être dans le vrai, je crois même ne pas devoir rencontrer de contradicteurs, en affirmant positivement que la perte de notre numéraire vient de ce que l'agriculture ne rend pas assez, sous quelque rapport que ce soit; de même, le défaut d'équilibre dans nos finances provient de ce que le revenu de l'agriculture n'entre pas assez comme élément dans le calcul des affaires. Chacun préfère courir les chances du hasard ou de la spéculation, que de donner à ses opérations une base sérieuse, telle que la statistique agricole peut la lui offrir. De même, l'impôt n'est peut-être pas établi comme il devrait l'être d'après les revenus exacts de l'agriculture vérifiés avec soin.

Il faut donc revenir à la pratique d'une agriculture régulatrice, de laquelle dépendent toutes les industries, et sur laquelle repose toute la pondération des affaires du présent, ainsi que les espérances de l'avenir.

A voir la tendance des esprits, comment ne pas concevoir de craintes dans ces temps où le cours des saisons semble presque interverti? Que deviendraient les finances de la France si le ciel continuait à nous être aussi peu favorable, s'il fallait toujours aller chercher au loin ce que nous devrions avoir en abondance en faisant produire davantage à la terre? Si nous voulons être habiles et sages, nous devons ramener les esprits vers l'agriculture; mais il faut en conduire les progrès de manière à ce qu'ils égalent ceux de l'industrie dont elle se tient trop éloignée. Il faut que tout avance de front, surtout en matières de finances; car si l'industrie se développe avec une grande rapidité, il faut observer aussi que sa consommation s'accroît en raison de ses développements; il s'agit donc de la faire vivre.

En s'occupant de faire progresser l'agriculture,

le gouvernement échapperait à la nécessité de créer des impôts, mesure impolitique dans un temps où chacun n'a bientôt plus assez pour faire vivre sa famille et pour l'élever. L'agriculture peut seule donner à l'État par son développement les revenus qui lui manquent et devenir une source inépuisable de richesse publique.

Au lieu d'être obligés d'aller chercher des céréales à l'étranger, nous devrions faire tous nos efforts pour que ce fût l'étranger qui en vînt chercher chez nous. Ce seraient de nouvelles habitudes bien préférables aux anciennes, qui sont loin d'avoir fait les affaires du pays et d'avoir donné de la prospérité aux finances de la France.

Il importe donc, en prenant ce point de départ, que le gouvernement décrète des mesures générales plus efficaces, afin que notre pays produise en raison de la fertilité de son sol, et qu'il devienne l'entrepôt général des grains de l'Europe. On peut atteindre à ce résultat en moins de temps qu'on ne se l'imagine.

Nous sommes tributaires de la Russie et de l'Amérique pour les grains, de l'Allemagne pour les chevaux et les bestiaux; par l'emploi du drainage, mais plus étendu et exécuté d'après un système méthodique, nous aurons beaucoup plus de prairies dont les produits seront beaucoup plus abondants qu'ils ne le sont actuellement (1). On fera même dans les terrains marécageux ce qu'on commence à faire dans le département du Nord et ce qu'on devrait faire aussi dans le nôtre. On s'occupera plus d'élever des bestiaux pour la boucherie

---

(1) M. Vandercolm a acheté, il y a trois ans, dans un ancien marais dont la terre est glaiseuse, trente hectares que l'on vendait parce que le terrain en était trop sec, et qu'on avait de la peine à y nourrir du bétail, surtout pendant l'été. L'acquisition faite, toute la propriété fut drainée avec soin ; le travail terminé, on saupoudra à la main toute la surface avec du guano. La première année les fourrages y ont été cinq fois plus abondants que de coutume ; pendant tout l'été on a pu y faire pacager des bestiaux, l'herbe y étant plus verte et plus fraîche. Ces prés vont en s'améliorant ; avant deux ans les bénéfices payeront la propriété. Avis au lecteur.

J'ai mes raisons, comme on le pense, pour mentionner les résultats de cette acquisition.

On comprend que si tous les prés voisins de Luçon, dont la terre est à peu près de la même qualité, étaient drainés, nous aurions les fourrages en quantité considérable, et que nous pourrions élever beaucoup plus de bestiaux.

Si toutes les eaux qui viennent sur les marais plus éloignés du côté de Monseil et de Nallier pouvaient en partie être conservées dans de vastes réservoirs, comme cela a lieu du côté de Dunkerque, combien il serait facile de fertiliser certaines contrées par des arrosements pendant la saison des chaleurs ! On n'a jamais pensé à cela, et cependant on y pensera un jour, quand les bienfaits du drainage auront ouvert l'intelligence des propriétaires.

Les puits artésiens pourraient également fournir à l'arrosement pendant l'été et faciliteraient l'abreuvement des bestiaux dans le moment des chaleurs.

que de cultiver des grains, parce que la partie des céréales est grandement assurée dans les autres terrains, tandis que la viande de boucherie manquera longtemps à la consommation. D'ailleurs, la population des campagnes est plus disposée à faire venir des grains qu'à élever des bestiaux pour la boucherie. Tout le littoral, c'est-à-dire peut-être trente ou quarante lieues du département de la Vendée, serait très-favorable à ce genre d'industrie, tout aussi bien qu'à l'élève de la race de chevaux du pays, pour peu qu'on y donnât de soins.

Il faudrait adopter un bon mode de reproduction. Par exemple, le gouvernement ou le département pourrait placer gratuitement chez les particuliers, de jeunes poulines normandes servies par les étalons de l'État. Le gouvernement trouverait à prendre dans le département, tous les ans, dix à douze mille poulains qu'il pourrait transporter en Algérie, dans le petit Atlas, où ils trouveraient une nourriture herbagère différente de celle des marais, en même temps que leurs jarrets se fortifieraient dans un pays plus accidenté. On aurait ainsi une bonne race de chevaux de guerre à peu de frais.

Une pensée de l'Empereur, à laquelle on doit rendre hommage, c'est que les plus beaux jours d'une nation sont ceux qui s'écoulent dans les loisirs de la paix, et où ceux qui la gouvernent peuvent se consacrer tout entiers à améliorer le sort de toutes les classes. Ces jours de paix sont revenus pour la France, après une guerre glorieusement terminée. L'Empereur, libre aujourd'hui du côté de la politique et de la guerre, peut prescrire et surveiller l'exécution de ses grandes pensées. Il ne dépend que de sa volonté de donner à l'agriculture une impulsion toute nouvelle et de commander le progrès. Si cette influence toute puissante consent à s'exercer dans ce sens, je ne doute pas qu'avant quinze ans la France ne soit considérée comme la source inépuisable des produits agricoles et industriels de toute espèce.

J'ai indiqué précédemment une excellente mesure à prendre pour populariser et faciliter les travaux du drainage, en conseillant de créer aux frais du département un emploi d'ingénieur spécialement chargé de ce service. L'adoption de cette mesure me paraît intéresser vivement l'avenir de l'agriculture. Mais au fond, je n'en pense pas moins que la prospérité agricole ne s'établira que lentement et difficilement, si les moyens adoptés sont toujours les mêmes, si une direction plus forte n'est pas donnée aux affaires, de telle sorte que la production s'accroisse d'une manière notable sur toute l'étendue de la France.

Les premières difficultés que rencontre le progrès viennent de la nature indécise et chagrine de l'homme; d'autres peuvent être attribuées aux rivalités qui, en France, divisent les familles; il en est enfin que je trouve dans la proximité de l'Angleterre, qui nous traite comme elle traite les peuples de l'Inde qu'elle divise avec son or pour les maintenir sous sa dépendance (1).

Aujourd'hui la paix règne entre la France et l'Angleterre. Nous faisons des vœux pour qu'elle se perpétue; cependant l'expérience des siècles passés nous apprend qu'il faut être prévoyants pour l'avenir et ne pas compter qu'une paix dont on jouit ne sera troublée par aucun événement. La politique est incertaine et variable. Hâtons-nous donc de mettre à profit le temps qui nous est assuré. Arrachons l'agriculture à la marche lente qu'elle est habituée à suivre, et si la paix doit durer de longues années, faisons qu'il n'y en ait aucune de perdue pour la prospérité du pays.

Il faut que l'agriculture se mette au niveau des besoins que le siècle nous a créés; il faut qu'elle marche d'une manière régulière, même au milieu des événements. Aussi je crois qu'il est urgent de prendre une direction différente de celle que nous

---

(1) Tout le monde sait qu'après la chûte du roi Louis-Philippe, un lord dit en plein parlement qu'avec 30 millions on ferait une révolution à Paris quand on voudrait. Trente millions, c'est bien peu. Mais qu'il en faille trois cents, que sont trois cents millions pour l'Angleterre, quand il s'agit d'arriver à ses fins!

avons suivie jusqu'ici, et de ne plus compter sur les théories, les journaux, les comices, les fermes modèles : tous ces moyens employés jusqu'ici rendent des services, il est vrai, mais ils ne sont pas assez expéditifs et soumettent le progrès de l'agriculture à trop de lenteurs; avec eux, le résultat est toujours de ne pouvoir fournir aux besoins sans cesse croissants de la consommation.

De cette situation, il résulte que nous sommes toujours en déficit. Ce déficit ne fera même qu'augmenter, tant qu'on fera en aussi grande quantité des graines oléagineuses, des betteraves pour le sucre et l'alcool, et des prairies artificielles pour élever les bestiaux. Si l'on ne porte un remède prompt et sûr au mal, il amènera la perturbation dans les finances de l'État. La nécessité veut qu'on en arrive au desséchement des marais et à l'institution des Waetreingues, et qu'on fasse marcher l'agriculture à la manière des administrations qu'une main ferme et habile dirige parfaitement.

En effet, pourquoi l'agriculture ne serait-elle pas entièrement soumise au régime administratif avec son administration générale, ses bureaux, ses fonctionnaires qu'elle a déjà, et de plus deux inspecteurs de département et d'arrondissement que je propose de créer, afin de compléter l'organisation. Il n'en faudrait pas davantage pour imprimer à l'agriculture une direction toute nouvelle et amener des résultats bien supérieurs à ceux qu'on a obtenus jusqu'ici.

La création de ces deux emplois d'inspecteurs serait toute une révolution pour l'agriculture, à cause des améliorations qui pourraient s'ensuivre. Grâce à cette institution, les nouvelles pratiques agricoles reconnues bonnes pourraient être introduites dans les campagnes d'une manière suivie et régulière. Tous les grands travaux de dessèchements de marais et d'étangs, de reboisement, etc., qui restent toujours à faire, pourraient être exécutés sans que l'on rencontrât toutes les difficultés que l'on rencontre aujourd'hui. Les attributions des employés de l'administration seraient précisément de surmonter ces difficultés.

Dans chaque commune, à une époque fixe, un inspecteur d'arrondissement serait chargé de faire observer au conseil municipal que telle route, tel chemin rural, tel canal sont nécessaires à l'agriculture, à la commune; que le dessèchement de tel marais, ou le reboisement de telle montagne serait utilement entrepris, qu'il est nécessaire d'introduire le drainage dans la culture des terres et des prés pour les améliorer, que telle localité a besoin d'être assainie, que les intérêts du commerce exigent l'adoption de telle ou telle mesure. Ces observations étant faites par un homme s'exprimant au nom de l'autorité, et n'envisageant que les intérêts du pays, de la commune, de chaque habitant, il en résulterait que ses paroles seraient écoutées et que ses propositions seraient adoptées dans la mesure où le permettraient les chiffres du budget.

Comme cet inspecteur d'arrondissement pourrait solliciter des fonds auprès du Conseil général ou du ministère, selon que les travaux seraient d'une importance plus ou moins grande, et dans les cas où les ressources de la commune seraient insuffisantes, il arriverait naturellement que des rapports bienveillants s'établiraient entre le conseil municipal et l'autorité. Du reste, comme le travail de cet inspecteur ne serait que préparatoire, on s'entendrait toujours facilement avec lui.

L'inspecteur du département ferait sa tournée quelques mois après le premier inspecteur. Dans l'intervalle, les membres du conseil municipal auraient le temps de réfléchir sur les propositions déjà arrêtées du premier inspecteur. L'inspecteur supérieur étudiant l'affaire à son tour, prononcerait sur l'utilité du travail. A sa diligence, le dossier serait envoyé au ministère par l'intermédiaire du préfet. Le ministère déciderait si les travaux doivent être exécutés aux frais de la commune, du département ou de l'État. Au retour du dossier, le préfet enverrait sur les lieux un ingénieur, et par l'autorité de l'inspecteur d'arrondissement, les travaux s'exécuteraient.

On peut reconnaître que, dans ce système, les choses marchent d'elles-mêmes si le conseil municipal approuve, et que les mauvaises dispositions se trouvent anéanties si le conseil municipal est opposé aux mesures. A cet égard, il est bon de faire observer que, dans beaucoup de cas, il faut forcer les gens à se faire du bien à eux-mêmes et ne pas craindre d'user d'une certaine contrainte envers les individus lorsqu'il s'agit d'assurer l'avenir d'une commune tout entière.

Le premier résultat de cette forte organisation serait que les affaires des communes ne resteraient pas en suspens; on triompherait de la négligence qui est le grand défaut dans nos campagnes. On comprendrait enfin que, lorsque l'autorité a prononcé, il faut s'exécuter. L'activité gagnerait peu à peu les administrations municipales, l'amour-propre s'en mêlerait : on ne voudrait pas se laisser prévenir par l'inspecteur; les affaires de la commune seraient plus surveillées, les besoins mieux étudiés. De toutes manières, l'influence de l'inspecteur doit produire des résultats considérables, car le rôle de ce fonctionnaire est uniquement d'éclairer les esprits et de contenter tout le monde en poussant à faire vite et bien.

S'il ne s'agissait que d'une faible dépense à faire pour donner l'exemple d'améliorations comme celle du drainage, quand le conseil municipal ne voudrait pas les exécuter, par esprit de routine ou de petite économie, l'inspecteur passerait outre, et, de l'avis du préfet, ferait faire les travaux par un ingénieur aux frais de la commune.

Le langage sérieux et persuasif de cet inspecteur, homme intelligent et capable, parlant toujours dans l'intérêt de chacun et à l'avantage de tous, aplanirait bien des difficultés, tant qu'il ne faudrait pas donner trop d'argent. Si la dépense à faire était considérable, les communes contracteraient des emprunts, le département en ferait autant en ce qui le concernerait, et l'État resterait chargé des grandes dépenses que seul il peut effectuer, et qui doivent être à son compte.

D'un autre côté, dans chaque localité, il y a toujours un certain nombre d'hommes portés à approuver ce que fait l'autorité. En agissant eux-mêmes, ils donneraient l'exemple; les intérêts feraient le reste. En procédant comme je l'indique, on obtiendrait, pour l'amélioration de l'agriculture et la pratique des nouvelles méthodes, des résultats bien plus grands qu'en attendant que le temps amène les progrès, et que la marche insensible des choses fasse pénétrer peu à peu de nouvelles habitudes. Sans doute un certain nombre d'agriculteurs finit à la longue par adopter les nouvelles pratiques, à force d'en voir le succès et d'en entendre préconiser les avantages; mais il y en a d'autres qui s'obstinent, malgré tout, dans leurs vieilles habitudes, et ceux-là, il faut désespérer de les ranger jamais à la cause du progrès.

Les difficultés ne s'aplaniraient pas toujours aisément, par exemple lorsqu'il s'agirait du reboisement d'une montagne, et qu'il faudrait faire perdre à un propriétaire la liberté de disposer de sa propriété, suivant sa volonté; il y aurait parfois à exécuter contre son gré des travaux d'une nature particulière, d'autres fois à planter son champ de sapins ou d'arbres forestiers. Dans ces cas, l'inspecteur ferait faire une expertise, d'après laquelle une indemnité serait accordée au propriétaire; quand il l'aurait reçue, le reboisement s'exécuterait, et il resterait maître de son terrain sans pouvoir le dénaturer. Je le répète, ce travail ne se ferait pas sans que des circonstances particulières vinssent le traverser; mais du moins on arriverait à un but, tandis qu'aujourd'hui on ne sait par quoi commencer, et la position reste toujours la même. On voit le mal, mais on ne sait pas comment y remédier.

Il y a une grande difficulté à vaincre, sans doute, pour arriver à exécuter les travaux immenses dont je parle dans cet écrit : cette difficulté, c'est de trouver les fonds nécessaires à une entreprise aussi gigantesque. Voilà ce qui épouvante bien des esprits et les éloigne de semblables projets. Cependant on doit se préoccuper d'autre part de l'importance et des résultats immenses qu'a une telle opération pour l'avenir du pays. Si l'on se met à ce point de vue, on comprend que les sacrifices ne doivent pas être mesurés, et que la grandeur du résultat à obtenir justifie l'énormité de la dépense. Avant tout, le point capital est de bien disposer la population, de lui faire comprendre clairement qu'on a besoin de faire donner à l'agriculture beaucoup plus qu'elle ne donne, et que c'est là le problème à résoudre, si l'on veut arriver à faire vivre le peuple des villes et des campagnes à bon marché. Dès que ces vérités auront bien pénétré dans les esprits, le jour où elles seront populaires, l'argent ne se fera pas attendre. S'il faut ouvrir un emprunt, tout le monde y concourra; car tous reconnaîtront que les dépenses sont faites dans l'intérêt du pays, qu'elles l'améliorent et l'enrichissent, et que les travaux exécutés produisent un bien qui n'est pas limité à une seule année, mais qui se perpétue dans toutes les années à venir. D'ailleurs, il ne faut rien exagérer, et si, pour faire face aux travaux, des millions sont nécessaires, il en faudra d'abord moins qu'on ne pense, parce que ces travaux ne peuvent se faire que successivement, et que partout ils ne sont pas de même nature. On ne doit donc pas s'effrayer trop vivement; autrement, si la seule idée des sacrifices arrêtait toutes les affaires, on n'entreprendrait jamais rien; la guerre d'Orient, qui a coûté deux milliards, ne se serait pas faite; on renoncerait au drainage; car, pour drainer convenablement le territoire, ce seraient trois ou quatre milliards qu'il en coûterait.

Il importe donc de se mettre à l'œuvre sans hésiter et sans calculer avec effroi la dépense; songeons que ces travaux ne coûteront ni larmes, ni douleurs aux malheureux. L'argent se trouvera aisément si le gouvernement s'applique à éloigner de la Bourse les capitaux qui s'y accumulent et que chacun y porte avec cupidité, vendant son champ pour ne courir que trop souvent à la ruine. On le sait de reste, l'argent porté à la Bourse ne contribue pas à faciliter le mouvement des affaires, loin de là. Tout le monde gagnera à ce que les capitaux soient refoulés loin du centre de la spéculation et ramenés vers l'industrie et l'agriculture.

Peut-être dira-t-on que toutes ces innovations veulent être sanctionnées par une loi : on fera donc une loi, si c'est nécessaire. Les habitudes se formeront peu à peu au régime qu'elle introduira, et les affaires suivront leur cours ordinaire sous l'empire de la législation nouvelle, comme elles le font sous l'empire des lois qui règlent les autres branches de l'administration.

De telles entreprises s'accordent parfaitement

avec l'état de calme dont nous jouissons. Profitons de la prospérité de notre situation pour féconder le sol de notre pays. Ce sera un avantage inestimable conquis pour la nation, quand le gouvernement, maître de tous les ressorts, pourra diriger et activer à son gré les progrès de l'agriculture. Ce système d'organisation est le plus sûr, le plus expéditif et le plus efficace de tous les moyens qui prétendent à remédier à l'insuffisance des récoltes. Par ce système, on prévient ou l'on adoucit ce malheur en même temps qu'on satisfait à tous les besoins et que l'on entretient les hommes dans l'occupation. Ajoutons que nulle politique ne saurait être meilleure ; lorsque les travaux des champs retiennent les hommes, quand la religion les dirige, les émotions de la politique n'arrivent plus jusqu'à eux, et ce que l'on a cru faire pour la prospérité de l'agriculture profite encore à la tranquillité du pays.

Dans notre projet d'organisation, rien ne s'opposerait à ce que les institutions existantes fussent maintenues. On conserverait les fermes modèles, les comices agricoles, etc. Ainsi l'on serait toujours en état de soumettre à l'expérimentation les procédés nouveaux, les améliorations proposées, pour les recommander ensuite à l'agriculture, si l'expérience prononçait en leur faveur.

En exposant mes vues sous la forme que je crois

la plus modeste, je ne me flatte point d'avoir imaginé un système si parfaitement combiné qu'il ne soit possible d'en modifier aucun point. Mes idées, Monsieur le Préfet, ne sont pas aussi absolues. Je désire seulement que le gouvernement admette mes vues dans la limite qui lui paraîtra convenable. Ainsi, l'on pourrait, sans étendre d'abord le vaste système d'une administration agricole à tous les départements, en faire l'essai dans celui de la Vendée. C'est précisément un de ceux où les innovations que je propose donneraient les meilleurs résultats et où l'on serait certain de rencontrer le moins d'obstacles. L'essai serait facile et peut-être peu coûteux. Il permettrait au gouvernement de former son jugement sur la valeur de tout le système. Si l'expérience lui avait été favorable, il serait facile d'étendre le régime administratif à tous les départements ou seulement à ceux dont l'agriculture paraîtrait susceptible de donner de grands produits.

En suivant cette marche prudente que la raison indique, on aurait le temps de former des fonctionnaires et ainsi s'organiserait sans secousse l'administration la plus importante de toutes celles qui composent le mécanisme d'un gouvernement.

Les Anglais, je le sais, blâment notre tendance à tout soumettre au régime administratif. Ils professent que l'agriculture doit jouir de la plus grande liberté; mais en interprétant leur doctrine, cela revient à dire qu'un très-petit nombre d'individus doivent jouir de cette liberté, puisque les cinq sixièmes du sol anglais sont possédés par un petit nombre de propriétaires. Ces lords opulents trouvent dans leur situation personnelle les moyens de faire à l'agriculture toutes les avances dont elle a besoin. Ils n'attendent pas que le gouvernement leur vienne en aide par ses capitaux, quoique pour le drainage il leur ait fait des avances très-considérables.

En France, la situation est toute différente; la propriété est divisée à l'infini, et nous n'avons presque plus de ces grandes propriétaires qui tiennent en leurs mains des capitaux assez considérables pour faire des avances à l'agriculture. D'autre part, nous n'avons point chez nous ces associations, qui sont établies en Angleterre, et qui pourraient rendre le même genre de service. Aussi, toutes les fois qu'il s'agit de grandes dépenses à exécuter, nous sommes obligés de recourir au gouvernement qui absorbe par les impôts tous les capitaux qui formaient autrefois les revenus de la grande propriété. C'est pour de telles causes que la richesse de l'agriculture est bien moins grande en France qu'en Angleterre, et le gouvernement est parfaitement éclairé sur ces causes.

Quand le gouvernement dirigerait le mouvement

de l'agriculture, ce ne serait pas une raison de croire que la liberté y perdît ses droits et ses avantages. En France, les principes de liberté sont trop bien établis pour que certaines modifications introduites dans l'agriculture puissent les compromettre. Nous avons bien plus besoin de nous préoccuper des moyens d'accroître le bien-être et de fonder la fortune publique. Non-seulement, l'intervention du gouvernement est utile pour faire les grandes avances de fonds, on doit encore la désirer pour trancher les difficultés qui s'élèvent entre les propriétaires, lorsqu'il s'agit de toucher à la propriété; car l'action de nos lois trop nombreuses est fort lente; l'action de l'autorité est prompte et décisive. Il est utile que le gouvernement intervienne partout où il faut prendre rigoureusement l'initiative; c'est à lui qu'il appartient de triompher des embarras que rencontre l'exécution des grands travaux d'agriculture; s'il ne prend pas le rôle qui lui est dû à la tête du progrès, la fortune publique reste au même niveau, arrêtée par le défaut d'entente et de bonnes dispositions, par la négligence et l'apathie.

Nous rendons une éclatante justice aux bonnes dispositions dont le gouvernement se montre animé pour le progrès de l'agriculture. Il a fait voter cent millions pour être appliqués aux travaux du drainage, et cet acte seul justifie de l'intérêt qu'il prend à en voir la pratique propagée dans toute la France. Mais il ne suffit pas des intentions généreuses du gouvernement pour amener des améliorations proportionnées à l'étendue de nos besoins. Il faut donner aux esprits l'impulsion et le ressort qui leur manquent, il faut imprimer l'activité aux affaires agricoles. Or, je doute que, par le seul fait d'avoir consacré cent millions à l'agriculture, on obtienne des améliorations si considérables qu'elles compensent, même dans une faible proportion, le déficit de notre production.

Tant il est vrai que, pour obtenir promptement de grands résultats, il faut adopter de grandes mesures, et que l'agriculture ne sera en état de répondre aux immenses besoins de la population que le jour où elle sera soumise à une administration fortement organisée. Si l'on s'obstine à suivre les voies anciennes, si l'on ne change rien à la routine dans laquelle s'endorment nos agriculteurs, il peut en sortir de grands embarras pour le gouvernement.

Dans un État comme la France, où les besoins de la population sont l'objet de la constante sollicitude du gouvernement, où cette population même s'accroît par un progrès très-rapide, l'agriculture doit produire au-delà de ce qui est nécessaire à la consommation. Il est facile d'en arriver là et c'est un des premiers devoirs du gouvernement d'appliquer à cette question ses efforts les plus soutenus et les plus diligents.

Est-ce sur la presse qu'il faut compter ? Le paysan ne lit guère, et la presse traitant de matières agricoles n'a pas d'influence sur lui : compterons-nous sur les administrations municipales ? Ce serait avoir une confiance bien téméraire dans le caractère libéral des hommes et, quoi que l'on dise, il n'est pas permis de se fier absolument à un appui aussi incertain. La presse, les fermes modèles, les comices encore trop peu nombreux ont bien leur action, mais ils ne peuvent lutter que faiblement contre les vieilles habitudes, les dispositions molles, l'absence de capitaux. Cette action est beaucoup trop lente. Ainsi, l'on s'évertue dans les publications à exposer et à recommander les théories nouvelles ; mais l'impression s'efface de l'esprit du lecteur, tandis que les vieilles pratiques et les mauvais usages se continuent comme par le passé. Reconnaissons qu'il y a une grande difficulté à introduire dans les campagnes les innovations de quelque nature qu'elles puissent être, car, malgré l'évidence, malgré les faits, rien ne peut ébranler dans la tête du paysan les habitudes routinières. Il suit toujours son chemin, sans se demander si l'on ne pourrait pas mieux faire.

Le Midi ne conserve-t-il pas toujours sa charrue romaine, celle que tenait Cincinnatus quand les députés de Rome vinrent l'enlever au travail des champs ? Et pourtant il y a plus de deux mille ans de cela. Quoique cette charrue ne fasse que gratter la terre, on ne cesse pas de l'employer dans les meilleurs terrains, lorsqu'on pourrait la remplacer avec tant d'avantage pour la culture et pour le colon. Mais les habitudes dominent l'homme des champs ; le temps et l'intérêt du propriétaire peuvent seuls remédier à ce mal, à moins que des procédés plus rationnels ne s'imposent d'une manière presque obligatoire.

Cependant, on devrait pouvoir compter sur les administrations municipales. Mais les circonstances exigent souvent que le gouvernement, en nommant un maire, choisisse un homme politique qui alors ne peut donner son temps à l'agriculture, en supposant même que ces circonstances ne se présentent pas, il arrive souvent que le maire, par ses goûts ou par sa situation, n'est point porté vers les occupations agricoles qui demandent des soins et souvent de la peine. S'il ne possède dans la commune aucune propriété rurale, il sera disposé à se porter du côté où l'appellent ses goûts et ses intérêts. Alors les affaires qui concernent l'agriculture se ralentiront et resteront même longtemps en souffrance. Au contraire, si l'inspecteur de l'agriculture dont nous proposons l'institution était placé à côté du maire pour soutenir son zèle et le ramener sans cesse à la considération des intérêts agricoles de sa commune, les devoirs municipaux seraient toujours remplis consciencieusement et l'action du maire apporterait un utile concours aux améliorations.

Ainsi, tous les progrès que l'on peut attendre, toutes les améliorations que l'on peut espérer dépendent avant tout de l'institution d'une administration agricole. C'est là que nous revenons sans cesse parce que c'est là l'idée dont nous voudrions que tout le monde fût pénétré. Si un vaste système, tel que nous l'avons exposé était établi, l'impulsion qui partirait du ministère comme d'un centre commun se propagerait dans tout le pays. Quand des hommes éminents par leurs lumières et leur capacité sont à la tête du pouvoir, ils communiquent à tout leur activité, si au-dessous d'eux se trouve une administration bien organisée.

Si l'on mettait dehors de grands capitaux, le ministère aurait du moins la satisfaction de voir les revenus de l'État augmenter peu à peu, en proportion des dépenses qu'on aurait faites, et les produits suffire à la consommation. Dans dix ans, ils arriveraient même à la dépasser, et le numéraire de la France passerait à l'agriculture sans quitter le pays. Ce seraient là d'immenses résultats qui doivent amener des conséquences incalculables pour la richesse et les affaires de la France. Cette prospérité de l'agriculture donnerait une puissante garantie à un gouvernement libéral, qui sait comme le nôtre que le bonheur d'une nation est dans le travail et dans le bon esprit d'une population qui comprend ce qu'on fait pour elle.

Telles sont, Monsieur le Préfet, dans leur ensemble, les considérations sur lesquelles je voudrais appeler la réflexion de votre haute intelligence. Vous êtes pénétré, je n'en doute pas, de cette vérité, qu'il faut suivre en toutes choses le progrès de l'intelligence humaine, et que c'est là une nécessité impérieuse des temps modernes. Aussi, j'ose espérer que votre concours ne nous fera pas défaut pour amener dans le pays les grandes et fécondes améliorations que réclame l'agriculture. La France attend tout du dévouement de ses administrateurs, lorsqu'il s'agit d'assurer le bien-être des populations et de pourvoir à leur subsistance. Nous savons, Monsieur le Préfet, que vous comprenez toute l'étendue des devoirs que vous impose la confiance de l'Empereur. Le zèle et la vive sollicitude pour les intérêts du département que vous faites éclater tous les jours, nous assurent que vous tiendrez à honneur de tout faire pour l'amélioration de notre agriculture et le développement de ses produits.

Animé d'aussi bienveillantes dispositions, il vous sera facile, Monsieur le Préfet, d'appeler à vous le concours de toutes les lumières qui peuvent éclairer vos pas dans la voie féconde où il s'agit désormais de nous engager. M. le Préfet du département du Nord est en mesure plus que tout autre de vous communiquer des renseignements utiles pour les travaux à exécuter. D'ailleurs, dans la haute position que vous occupez, les lumières ne font jamais défaut quand on est résolu à entreprendre le bien. Tous les secours que vous pourrez désirer, Monsieur le Préfet, s'offriront à vous, et je terminerai en disant que vous aurez pour légitime récompense de vos efforts, la haute approbation de S. M. l'Empereur, dont la volonté bien des fois déclarée, est que tout, en France, marche rapidement dans la voie du progrès et de la civilisation.

J'ai l'honneur d'être avec respect,

Monsieur le Préfet,

Votre très-humble serviteur,

DUMAINE,

Membre du Conseil municipal de Luçon (Vendée)

Ouvrages à consulter sur l'emploi du drainage.

Drainage des terres arables, avec un très-grand nombre de bonnes gravures, 3 volumes; à la Librairie Agricole, rue Jacob, 26. Paris, 1857, par Barral. — Cet ouvrage contient toutes les connaissances et la pratique du Drainage.

Traité du Drainage, sur l'assainissement des terrains humides, par Leclère, ingénieur. Bruxelles, 1854. — Ce volume, très-remarquable pour la pratique, peut se trouver à la librairie rue Jacob, 26, Paris.

Pratique du Drainage, par Vandercolm, deux opuscules. Dunkerque, 1852.

Règlement de police pour les quatre sections des Vaetreingues de l'arrondissement de Dunkerque. — Imprimerie de Van Wermhout. Dunkerque, 1822.

Premier règlement administratif des Waetreingues du 12 juillet 1806. Même imprimerie, Dunkerque.

Drainage des terrains communaux, par M. Valette, maire de Remily (Moselle). Metz, 1856. — Cette petite brochure est pleine d'intérêt.

Traité des irrigations, par M. Vileroy. — Très-bon livre au point de vue pratique. — Se trouve à la librairie, rue Jacob, 26, à Paris.

Imprimerie de A. GUYOT et SCRIBE, rue Neuve-des-Mathurins, 18.

www.ingramcontent.com/pod-product-compliance
Ingram Content Group UK Ltd.
Pitfield, Milton Keynes, MK11 3LW, UK
UKHW012103240726
13965UKWH00004B/1510